Sitzungsberichte der Heidelberger Akademie der Wissenschaften
Mathematisch-naturwissenschaftliche Klasse
Jahrgang 1983, 6. Abhandlung

Hans Mohr

Evolutionäre Erkenntnistheorie

– ein Plädoyer für ein Forschungsprogramm –

Vorgetragen in der Sitzung vom 2. Juli 1983

Springer-Verlag
Berlin Heidelberg New York Tokyo
1983

Professor Dr. Dres. h. c. Hans Mohr
Institut für Biologie II
Schänzlestraße 1
7800 Freiburg i. Br.

ISBN-13: 978-3-540-13120-5 e-ISBN-13: 978-3-642-46493-5
DOI: 10.1007/978-3-642-46493-5

Satz: K + V Fotosatz GmbH, Beerfelden

2125/3140-543210

Evolutionäre Erkenntnistheorie

– ein Plädoyer für ein Forschungsprogramm –

Erkenntnis*theorie* – der Versuch des Menschen, sich verständlich zu machen, wie Erkenntnis entsteht und was sie *bedeutet* – gilt unter Naturwissenschaftlern als eine philosophische, und deshalb leicht zu entbehrende Disziplin. Ich habe es als Student nie erlebt, daß die Kardinalfrage der Erkenntnistheorie: Worauf *gründet sich* unser Sprechen und Denken über eine reale, außerhalb unseres Bewußtseins existierende Welt, in einem physikalischen oder biologischen Seminar ernsthaft gestellt und kompetent behandelt worden wäre.

Wie kommt das, wie erklärt sich diese erkenntnistheoretische Abstinenz? Der Naturforscher weiß aus Erfahrung, daß Erkenntnisgewinnung auch ohne Erkenntnistheorie funktioniert. Erkenntnistheorie ist ihrem Anspruch nach die (normative?) Theorie richtigen Erkennens (oder eine post factum Rekonstruktion des wissenschaftlichen Erkenntnisprozesses), aber ganz offensichtlich ist sie nicht die *Ursache* richtigen Erkennens. Erkenntnisgewinnung, der vorwissenschaftliche Erkenntniserwerb ebenso wie die methodisch geordnete wissenschaftliche Erkenntnisgewinnung, funktionieren ohne explizite Metatheorie. Die den Erkenntnisfortschritt gewährleistende Methodologie der wissenschaftlichen Forschung ist irgendwie vorgegeben, vorgewußt. Die meisten praktizierenden Naturwissenschaftler, darunter auch offensichtlich erfolgreiche Fachleute, kümmern sich überhaupt nicht um Erkenntnistheorie. Epistemologische Skrupel sind ihnen völlig fremd. Trotzdem hat sich ein ungeheurer Erkenntnisprogreß vollzogen. Die Tatsache, daß ein gewaltiger Schatz an zuverlässigem Wissen von erkenntnistheoretisch naiven Wissenschaftlern erarbeitet wurde, kann auch der radikale philosophische Skeptiker im Ernst nicht bestreiten. Wer sich in ein Flugzeug setzt, wer mit 130 km Stundengeschwindigkeit über die Autobahn rast, bekundet ein ungeheures, kaum noch zu überbietendes Vertrauen in die Prozeßgesetze der Physik (und natürlich rechnet er nicht mit Falsifikation; er rechnet allenfalls noch mit menschlichem Versagen).

Wir halten fest, daß aller Erfahrung nach Erkenntnisgewinnung möglich ist, ohne daß man explizit zu wissen braucht, wie Erkenntnisgewinnung funktioniert. Die Metatheorie, insbesondere exogene Methodologie, ist keine conditio sine qua non erfolgreicher Theorie.

Natürlich gibt es viele analoge Situationen: Um perfekt Auto fahren zu können, brauche ich nichts, aber auch gar nichts zu wissen über die Funktion des

Vergasers oder des Differentials. – Wir können korrekt argumentieren, ohne etwas von Logik zu wissen. Logik ist zwar die „Lehre von den Prinzipien des korrekten Argumentierens", aber ganz offensichtlich keine Voraussetzung dafür.

Was ist in diesem Kontext der Anspruch einer Evolutionären Erkenntnistheorie? Die Evolutionäre Erkenntnistheorie erhebt den Anspruch, sie könne erklären, wie die kategorialen Bedingungen des Erkennens im Zuge der biologischen Evolution entstanden sind; sie könne erklären, warum erfolgreiche Theorienbildung ohne Metatheorie funktioniert. Die Hauptthese der evolutionären Erkenntnistheorie lautet: Der Mensch ist ein Produkt der Evolution, also müssen auch seine Denkstrukturen – nicht nur seine Handlungsstrukturen – evolutiv entstanden sein. Unsere subjektiven Erkenntnisstrukturen passen *deshalb* auf die reale Welt, weil sie sich im Laufe der Evolution in Anpassung an diese Welt herausgebildet haben. Die Struktur unseres Denkens – unsere Denkkategorien – und die Struktur der Welt – die Realkategorien – müssen wenigstens partiell übereinstimmen, weil nur eine solche Koinzidenz Überleben und Evolution in dieser Welt ermöglichte. Die Art, wie wir denken, und die Reichweite unseres Denkens sind in unseren Genen festgelegt.

Hier werden traditionell philosophische Fragen über eine naturwissenschaftliche Theorie, über die Theorie der Evolution, beantwortet. Dies ist legitim, so scheint mir, fast schon üblich; alle Naturwissenschaften sind ihrer Fragestellung nach letztlich aus der Philosophie erwachsen. Aber besteht nicht der Einwand aus tranzendental-philosophischer Sicht zu Recht, die evolutionäre Erkenntnistheorie beruhe auf einem logischen Zirkel, weil sich hier die Evolutionstheorie mit Hilfe der Evolutionstheorie begründe? Dieser Einwand ist folgendermaßen abzuweisen: Innerhalb der Biologie wird die Evolutionstheorie auf empirischer Grundlage aufgebaut. Eine wissenschaftliche Theorie bedarf zu ihrer Begründung keiner Erkenntnistheorie. – Zu beachten ist allein das „Kohärenzpostulat": Aussagen *über* die empirischen Wissenschaften dürfen den *Resultaten* der empirischen Wissenschaften nicht widersprechen.

Ich fasse das Ergebnis meiner Vorbemerkung zusammen:

Die Theorie der Evolution, das zentrale und tragende Paradigma der modernen Biologie, erlaubt ohne metatheoretische Verwicklung einen wissenschaftlichen Angriff auf die Frage, wie die kategorialen Bedingungen des Erkennens entstanden sind. Wir gehen – wie beim wissenschaftlichen Arbeiten – von einem unbezweifelbaren consensualen Sachverhalt aus („Es gibt Erkenntnis") und fragen nach einer wissenschaftlichen Erklärung für diesen Sachverhalt. Einen Sachverhalt erklären, bedeutet in der Wissenschaft, ihn auf eine akzeptierte Theorie (letztlich auf Prozeß – oder Koexistenzgesetze) zurückzuführen. Die These der Evolutionären Erkenntnistheorie lautet, daß sich unser Erkenntnisvermögen, die Art, wie wir denken, forschen, Erkenntnis gewinnen und Erkenntnis anwenden, aus der Evolutionstheorie heraus erklären läßt.

Hier erhebt sich die Frage, eine für meine Position natürlich *entscheidende* Frage, ob die Evolutionstheorie eine derart zuverlässige Sache ist, daß man darauf ein wissenschaftliches Argument von solcher Tragweite aufbauen kann.

C. F. von Weizsäcker sagte kürzlich: „Die Grunddisziplin der heutigen Physik, die Quantentheorie, läßt sich einem mathematisch Gebildeten in ihren Prinzipien auf einer Druckseite mitteilen: es gibt heute wohl eine Milliarde einzelner Erfahrungen, die ihr gehorchen, und nicht eine, die ihr in nachprüfbarer Weise widersprochen hätte."

Sicherlich ist der Status der Evolutionstheorie nicht so klar wie der Status der Quantentheorie. Die Kritik von philosophischer Seite, die Evolutionstheorie sei ein Hybrid aus empirischer Theorie, heuristischem Konzept und metaphysischem Konstrukt, erscheint dem Insider aber weit überzogen. Die moderne Evolutionstheorie erhebt lediglich den Anspruch, sie kenne im wesentlichen die Gesetze, nach denen sich die biologische Evolution abgespielt hat. Wir wissen nicht in jeder Einzelheit, wie ein Grashalm entstanden ist – um die Kantsche Metapher zu wählen; aber wir kennen die Gesetze, nach denen der Grashalm entstanden ist.

Für eine derart aufgefaßte Evolutionstheorie gilt dasselbe wie für die Quantentheorie: Es gibt zahllose einzelne Erfahrungen aus allen Bereichen der Biologie, die mit ihr verträglich sind, und nicht eine, die ihr in nachprüftbarer Weise widerspräche. Die Evolutionstheorie erklärt Anpassung *und* Fortschritt. Die angepaßte Zweckmäßigkeit eines Organismus kann sie ebenso überzeugend erklären wie seine Unzulänglichkeiten, seine Dysfunktionen, seine Leiden und Sterben. Die Evolutionstheorie deutet die Existenz lebender Fossilien ebenso elegant wie die Tatsache, daß die allermeisten Evolutionslinien wieder ausgestorben sind. Dies waren entscheiden Gründe dafür, daß die heutigen Biologen die Evolutionstheorie als ein zentrales und tragendes Paradiagma ihrer Disziplin akzeptiert haben.

Hinzu kommt, daß die Evolutionstheorie konkurrenzlos ist. Es gibt keine theoretische Alternative, die man ernst nehmen könnte. Und schließlich die Praxis: *Züchtung*, ohne die es keine Agrikultur und keine Zivilisation gäbe, ist nichts anders als vom Menschen bewirkte, in der Regel rapide infraspezifische und infragenerische Mikroevolution.

Die biologische Evolutionstheorie ist keine evolutionäre Universalphilosophie, sondern eine explanatorische biologische Theorie, deren Berechtigung gemessen wird an ihrer explanatorischen Kraft. Der Objektbereich, die biologische Evolution, ist durch Rahmenbedingungen eingeengt: es bleibt der Anfang offen und das Ende. Innerhalb dieser Rahmenbedingungen hat diese Theorie bislang sämtlichen Falsificationsversuchen widerstanden und *dadurch* allmählich den Status eines Paradigmas gewonnen.

Die Evolutionäre *Erkenntnis*-theorie schließlich ist heute noch keine geschlossene Theorie, sondern ein Forschungsprogramm, bei dem noch nicht abzusehen ist, wie weit es uns tragen wird.

Ich will jetzt prüfen, wie sich einige klassische Probleme der Epistemologie im Lichte einer Evolutionären Erkenntnistheorie ausnehmen.

Als zentrale Frage der Erkenntnistheorie gilt seit Immanuel KANT die Frage nach der Möglichkeit synthetischer Urteile a priori. KANT gelangte seinerzeit zu der Überzeugung, daß das Anschauen und das Denken des Menschen vor jeder individuellen Erfahrung bestimmte funktionelle Strukturen besitzt, Anschauungsformen und Kategorien. Das Kantsche Argument führte noch weiter: Jeder Satz, jedes Urteil, das aus der Erfahrung stammt, d. h. nur eine Verallgemeinerung von Erfahrung ist, kann auch durch Erfahrung widerlegt werden, ist also nur wahrscheinlich gültig. Es gibt aber Sätze, und zwar gerade grundsätzliche Voraussetzungen aller Naturerkenntnis, die wir als durch keine Erfahrung widerlegbar, mithin als streng und allgemein gültig ansehen: so die Axiome der Geometrie, so das allgemeine Kausalgesetz, daß jeder Vorgang eine Ursache haben muß. Woher stammen diese die Erfahrung strukturierenden Begriffe und Urteile, um die wir offenbar vor jeder Erfahrung, also a priori, wissen; und woher haben wir das Recht, ihnen eine uneingeschränkte gegenständliche Gültigkeit zuzuschreiben?

Die Mathematik ist ein rein deduktives System von Axiomen und Theoremen. Ihre Sätze sind Tautologien. Wie AYER sagt: – "merely rearrangements of symbols which did not make any statement about the world". Und trotzdem gilt die Feststellung des GALILEI, daß das Buch der Natur in mathematischer Sprache geschrieben ist. Dieser Spruch des GALILEI – authentisch oder nicht – ist von zahllosen Wissenschaftlern über die Jahrhunderte hinweg wiederholt und bestätigt worden, aber keiner konnte eine Erklärung dafür geben, warum dem so ist.

Die formale Logik – eine Konstruktion unseres Geistes – nimmt für sich in Anspruch, die Lehre vom richtigen Schließen zu sein, die Lehre vom richtigen deduktiven Denken. Warum können wir uns in der Tat unerschütterlich darauf verlassen, daß ein logischer Schluß im täglichen Leben ebenso wie bei der Erkenntnisgewinnung gilt? Woher nehmen wir die Sicherheit, daß sich die Konstruktionen der formalen Logik unter allen Umständen beim Umgang mit der realen Welt bewähren werden?

Dehnen wir jetzt unsere Betrachtung auf eine Konfrontation aus, die sich durch die ganze Geschichte der Philosophie zieht: Empirismus gegen Rationalismus. Der Empirist geht davon aus, daß alles, was wir über die Welt wissen können, aus unserer sinnlichen Erfahrung stammt. Der Rationalist behauptet, daß wir unabhängig von der Erfahrung wahre Aussagen über die Welt machen können.

Zitiert aus dem Buch des englischen Philosophen AYER „Language, Truth and Logic“:

– „der Empirist hat Schwierigkeiten, wenn er auf die wahren Sätze der formalen Logik und der Mathematik trifft. Während nämlich eine empirische Induktion (also eine erfahrungswissenschaftliche Generalisierung) jederzeit mit einer Widerlegung rechnen muß, erscheinen uns die Sätze der Mathematik und der formalen Logik als notwendig und sicher, und zwar unter allen Umständen und für jedermann. Aber wenn der Epirismus recht hat, dann kann es keine Aussagen geben, die sich auf die Natur beziehen und gleichzeitig notwendig und sicher sind.

Demgemäß hat der Empirist den Sätzen der formalen Logik und der Mathematik gegenüber die beiden folgenden Möglichkeiten: er muß entweder behaupten, sie seien nicht notwendigerweise und unter allen Umständen wahr. (In diesem Fall kommt er in einen unüberwindlichen Konflikt mit der allgemeinen Überzeugung, daß es sich um notwendige Wahrheiten handelt); oder er muß sagen, daß die Sätze der Logik und Mathematik keine faktische Verbindlichkeit, keinen faktischen Gehalt, haben (aber dann muß er erklären, wie eine Aussage, die faktisch leer ist, bei der Beschreibung der realen Welt und bei der Bewältigung der Probleme unseres Lebens absolut zuverlässig und extrem nützlich sein kann).

Da offensichtlich keine der beiden argumentativen Möglichkeiten eine Chance hat, ernst genommen zu werden, so bleibt uns nur die Zuflucht zum Rationalismus.

Wir müssen schlicht zugeben, daß es wahre Sätze über die Welt gibt, die wir allen Objekten zuschreiben können, obgleich wir dies natürlich empirisch niemals in Erfahrung bringen könnten. Und wir müssen es letztlich als ein geheimnisvolles unerklärliches Faktum akzeptieren, daß unser Denken die Kraft hat, uns autoritativ die Eigenschaften von Dingen zu enthüllen, die wir nie gesehen haben". Soweit AYER.

Die Verfechter der Evolutionären Erkenntnistheorie sind davon überzeugt, daß das „Faktum", auf das sich AYER bezieht, weder geheimnisvoll noch unerklärlich ist. Dieses Faktum, unser zuverlässiges Vorwissen (oder Vorauswissen) über die Welt, ist vielmehr eine *notwendige* Folge der Tatsache, daß auch unser Erkenntnisvermögen das Ergebnis einer biologischen (genetischen) Evolution ist.

Der entsprechende Wenn-dann-Satz lautet:

Wenn es eine genetische Evolution der Organismen gegeben hat (was innerhalb der Wissenschaft niemand bezweifelt), dann muß auch das Denken des Menschen, sein Erkenntnisvermögen, seine kognitiven Strukturen, Teil dieser Evolution gewesen sein, und dann war es nicht nur möglich, sondern notwendig, im strengen Sinn unausweichlich, daß sich unser Denken an die Strukturen der realen Welt angepaßt hat. Die Selektion hat für uns die der Natur gemäßen Denkmuster ausgelesen. Es muß bei Tier und Mensch zu einer zumindest partiellen Entsprechung von kognitiver Struktur und Realstruktur gekommen sein. Die Muster unseres Denkens und die Muster der Natur müssen wenigstens partiell übereinstimmen. Unser Vorauswissen über die Welt ist in unseren Genen verankert, ist genetische Information. Es ist ebenso in unseren Genen verankert wie die

Information für unseren aufrechten Gang, für unsere Fähigkeit zum Sprechen, zum Sehen, zum Hören, zum Fühlen, zum Kooperieren.

Konrad LORENZ wählte die folgende, treffsichere Metapher: Unsere Anschauungsformen und Kategorien passen auf das real Existierende, wie der Huf des Pferdes auf den Steppenboden paßt oder die Flosse des Fisches ins Wasser. So wie die Formen von Huf und Flosse a priori gegeben sind, vor jeder individuellen Auseinandersetzung des Jungtieres mit Steppenboden oder Wasser, und so, wie sie diese Auseinandersetzung erst möglich machen, so ist dies auch bei unseren Anschauungsformen und Kategorien in ihrem Verhältnis zu unserer Auseinandersetzung mit der realen Außenwelt.

Es ist genauso wie GALIEI vermutete: Das Buch der Natur ist in mathematischen Lettern geschrieben, oder noch allgemeiner, die Struktur der Welt läßt sich in einer logischen Sprache beschreiben. Weil wir uns kognitiv an die Natur und an die Struktur der Welt angepaßt haben, können wir im Einvernehmen mit den Strukturen der realen Welt denken: Die Naturmuster sind die Ursache der uns innewohnenden Denkmuster.

Letztlich freilich stammt all unser Vorwissen (oder Vorauswissen) über die reale Welt aus der Erfahrung; aber es ist die Erfahrung des Stammes, die im Laufe der Evolution durch Auslese und Anpassung akkumulierte genetische Information. So wie sich unsere Hand an die reale Welt angepaßt hat, unsere Beine, unsere Augen, unser Kreislauf, so hat sich auch die kognitive Struktur unseres Gehirns an die reale Welt, in der die Evolution der Hominiden vonstatten ging, angepaßt. Es kann nicht anders gewesen sein.

Falsches Denken war ein gravierender Mangel an fitness, richtiges Denken, d.h. Denken in Übereinstimmung mit der Realstruktur, erhöhte die (inclusive) fitness. Deshalb wurde die Fähigkeit zum richtigen Denken, deshalb wurden richtige, der Welt angemessene Anschauungsformen und Erkenntniskategorien in unseren Genen verankert. Zum Beispiel ist die Erwartung kausaler Zusammenhänge ein „selektionsbewährter Algorithmus" (RIEDL), den die Evolution mit dem Ziel einer ökonomischen, der realen Welt gerecht werdenden Datenverarbeitung in unsere Gene und damit in unser Zentralnervensystem eingebaut hat. Die Vorgänge in der für uns relevanten Natur *sind* kausal: die *Erwartung* kausaler Zusammenhänge ist deshalb ein hoher Selektionsvorteil.

Für uns Heutige, für das Individuum, hat das ererbte Vorwissen über die Struktur der Welt den Charakter synthetischer Urteile a priori, also den Charakter richtiger unumstößlicher Aussagen, die aller Erfahrung vorausgehen; vom Standpunkt der Evolution aus sind diesselben Urteile synthetische Urteile a posteriori, begründet auf Erfahrung, nämlich auf die Erfahrung des Stammes.

Damit entpuppt sich das traditionsreiche Empirismus-Rationalismus-Problem der Philosophie als ein Scheinproblem.

AYER schreibt in „Language, Truth and Logic":

– „das Zugeständnis, daß es Fakten über die Welt gibt, die wir unabhängig von der Erfahrung wissen können, wäre unverträglich mit unserer fundamen-

talen Überzeugung, daß ein Satz nichts aussagt, wenn er nicht empirisch zu bestätigen ist – die grundlegende Behauptung des Rationalismus besagt, daß das Denken eine unabhängige Quelle der Erkenntnis ist, und darüber hinaus eine vertrauenswürdigere Quelle der Erkenntnis als die Erfahrung.
Manche Rationalisten haben sich sogar zu der Auffassung verstiegen, daß das Denken die einzige Quelle der Erkenntnis sei. Der Grund für diese Ansicht ist einfach der, daß die einzig notwendigen Wahrheiten über die Welt, die wir kennen, aus dem Denken stammen und nicht aus der Erfahrung."

Wie wir gesehen haben, existiert das Empirismus-Rationalismus-Problem deshalb nicht, weil die sogenannten synthetischen Urteile a priori auch auf Erfahrung beruhen, nämlich auf der Erfahrung unserer Vorfahren, die in unserer genetischen Information erhalten und gespeichert ist.

Wie weit reicht unser Vorauswissen („Vorwissen") über die Welt, wie tragfähig ist es? Die Hominiden, unsere Vorfahren, haben sich während ihrer genetischen Evolution über weite Teile der Welt ausgebreitet. Das wissen wir aufgrund der fossilen Dokumente. Unser genetisch verankertes Vorwissen über die Welt wird, so kann man daraufhin argumentieren, nur solche Strukturen der realen Welt betreffen, die genereller Natur sind, also überall gelten. Die Detailsstrukturen des jeweiligen Biotops müssen während der Ontogenie individuell und spezifisch *gelernt* werden. Ein Wissen um die Schwerkraft ist uns angeboren; wie aber eine Kokosnuß fällt oder eine Schneeflocke, das lernen wir individuell.

Führt man einem Säugling einen Film vor, der einen Ball zeigt, welcher in scheinbarem Kollisionskurs auf ihn zukommt, so wird er sofort die Arme in Abwehrstellung bringen. Welchen Gegenstand man auffangen sollte und welchen man abwehren muß, wird das Kind später *lernen.*

Am Beispiel des Spracherwerbs läßt sich das Zusammenwirken von stammesgeschichtlicher und individueller Erfahrung leicht illustrieren. Jedes gesunde Kind (d. h. jedes Kind, das nicht an genetischen Defekten wie Taubstummheit leitet) ist fähig, jede beliebige natürliche Sprache zu lernen. Die Basisgene für das Erlernen einer natürlichen Sprache liegen in jedem intakten menschlichen Genom vor. Welche der möglichen natürlichen Sprachen ein Kind als Muttersprache erlernt, ist jedoch durch die individuelle Erfahrung bedingt. Zwar ist das menschliche Gehirn auf bestimmte grammatische Strukturen natürlicher Sprachen vorprogrammiert (nur Sprachen solcher Struktur kann das Kind erlernen), es können die angeborenen Strukturen eine konkrete, natürliche Sprache aber nicht restlos determinieren. – Welche der innerhalb der vorgegebenen Strukturen möglichen Sprachen das Individuum erlernt, wird durch die zufällige Umgebung bestimmt, in die es hineingeboren wird.

Es sind also drei Faktoren zu unterscheiden, die beim individuellen Erwerb einer Sprache zusammenspielen: 1. der Spracherlernungsapparat (language-acquisition-device). Er ist angeboren. – 2. Sprachliche Universalien, also Strukturmerkmale, die alle menschlichen Sprachen gemeinsam haben – und die garantieren, daß die Sprache, die wir lernen, der Welt, in der wir zu leben haben, angemessen ist. Diese sprachlichen Universalien sind ebenfalls angeboren. – 3. Die spezifische Umwelt, in der das Kind seine Muttersprache erwirbt. Die individuelle Spracherfahrung, die das Kind macht, bestimmt, welche Sprache innerhalb der begrenzten Menge potentiell möglicher Sprachen tatsächlich erlernt wird.

Auf der Kombination von Vorwissen und Lernen beruht die Flexibilität und Anpassungsfähigkeit der menschlichen Spezies. Die Zecke hat alles, was sie an „Erkenntnis" braucht, in ihren Genen. Entsprechend minimal ist ihre Flexibilität. Der Mensch hat nur jenes Vorwissen, das überall gilt, in seinen Genen; entsprechend groß ist seine Fähigkeit zum individuellen Lernen innerhalb des Rahmens, den das genetische Vorwissen setzt.

Die enormen Erfolge des Homo sapiens bei der Eroberung der Welt beruhen somit letztlich auf einer Kombination von genetisch fixierter Erfahrung (Vorwissen a priori) und individueller Erfahrung (durch Lernen erworbenes Wissen a posteriori). In die individuelle Erfahrung gehen Versuch und Irrtum ebenso ein wie (richtige oder falsche) Tradition, Kultur, Erziehung und Konditionierung.

Zurück zu der zentral wichtigen Frage: Wie weit reicht unsere genetisch fixierte Erfahrung, die in unseren Genen akkumulierte Erfahrung der Stammesentwicklung?

Auch unsere Vorfahren können Erfahrungen nur über ihre Sinneseindrücke gemacht haben. Demgemäß ist die Anpassung unserer kognitiven Strukturen an die Struktur der Welt eng begrenzt. Die Anpassung bezieht sich auf den Bereich der „mittleren Dimensionen", auf den Mesokosmos (VOLLMER).

Die Auflösungskraft unseres Sehvermögens z. B. ist etwa 1/10 mm im Raum und 1/16 s in der Zeit. Der Grund für die Begrenzung unseres sensorischen Systems und damit unserer Anschauungsformen und kognitiven Strukturen ist darin zu suchen, daß die genetische Evolution des Menschen abhing von der Struktur und Auflösungskraft jener Sinnesorgane, die ihrer prinzipiellen Konstruktion nach viel früher in der tierischen Evolution angelegt waren und kaum noch verbessert werden konnten. Deshalb war die genetische Evolution der Hominiden in den letzten 2 Millionen Jahren in erster Linie eine Evolution des Gehirns. Die Evolution des Gehirns und der kognitiven Strukturen wurde aber stets limitiert durch die Leistungsfähigkeit unserer Sinnesorgane, oder (in anderen Worten) durch die Verfügbarkeit von Signalen, und damit von ‚Erfahrung', aus der realen Welt.

Die auf Empirie gegründeten Naturwissenschaften, wie wir sie heute kennen, haben zwei Wurzeln. Sie entstanden aus den Bedürfnissen der Gewerbe und aus den Fragestellungen einer realitätsbezogenen Naturphilosophie. Diese Disziplinen verharrten natürlich in der Reichweite der mittleren Dimensionen, an die sich der menschliche Geist während der Evolution angepaßt hatte. Und in diesen Dimensionen verblieb zunächst auch die Wissenschaft. Die Wissenschaften unterschieden sich seinerzeit nur durch den verschiedenen Grad der methodologischen

Raffiniertheit vom Alltagsverstand. Als beim Aufstieg der modernen Wissenschaften einige Disziplinen den Vorstoß in die Makro- und Mikrowelt wagten, konnte man eigentlich nicht erwarten, daß die kognitiven Strukturen unseres Geistes, unsere Begriffe, unsere Anschauungsformen, unsere Kategorien, unsere Logik, sich in diesen Bereichen als beliebig tragfähig erweisen würden. Glücklicherweise stellte sich heraus, daß sich die Physik auf die von ihr benützten Sätze der Mathematik anscheinend überall verlassen konnte. Ein Ausdruck der Erleichterung (von HEISENBERG) lautet: „Die Gesetze der Mathematik – und zwar alle Gesetze der Mathematik gelten auch auf dem fernsten Stern." Wir rechnen mit der kosmischen Invarianz mathematischer Theoreme.

Andererseits ergaben sich in der Physik der kleinen und der großen Dimensionen erschreckende erkenntnistheoretische Probleme, die bis heute ungelöst geblieben sind: Die Unschärferelation, das scheinbare ‚Versagen' des Kausalitätsprinzips in der Mikrophysik, die unbegreiflichen Konsequenzen des 2. Hauptsatzes der Thermodynamik bei seiner Anwendung auf das Universum, die unüberwindlichen Schwierigkeiten mit den uns vertrauten Ideen (oder „Anschauungsformen") von Raum und Zeit in der Relativitätstheorie. Auch wenn die nicht-euklidische Welt noch *erkennbar* sein sollte, sie ist definitiv nicht mehr *vorstellbar*.

Diese Schwierigkeiten überraschen uns nicht. Wenn sich unser cognitiver Apparat in Anpassung an die Welt der mittleren Dimensionen entwickelt hat, müssen wir a priori damit rechnen, daß es Grenzen unseres Erkenntnisvermögens geben wird, und damit Grenzen der Wissenschaft, die auf einer prinzipiellen Limitierung unserer kognitiven Strukturen beruhen. Die Probleme, auf die wir beim Vorstoß in die kleinen und großen Dimensionen treffen, bestätigen diese Befürchtung. Unser ererbtes kategorales Vorwissen über die Welt – Raum, Zeit, Substantialität, Kausalität, Quantität – bezieht sich lediglich auf die mittleren Dimensionen, auf jenen Mesokosmos, an den sich unser Stamm im Lauf der genetischen Evolution angepaßt hat. Der Realismus wird außerhalb der mittleren Dimensionen *auch für den Wissenschaftler* zum Problem.

Nochmals einige Sätze von HEISENBERG:

> Ob wir entfernte Sterne oder Elementarteilchen studieren – auf diesen neuen Gebieten endet die Kompetenz unserer Sprache, die Kompetenz unserer konventionellen Kategorien. Mathematik ist die einzige Sprache, die uns verbleibt. Ich persönlich halte es für falsch, zu sagen, die Elementarteilchen der Physik seien kleine Stückchen von Materie; ich ziehe es vor, zu sagen, sie seien Repräsentanten von Symmetriegesetzen. Je kleiner die Partikel werden, um so mehr bewegen wir uns in einer rein mathematischen Welt und nicht mehr in der Welt der Mechanik.

Wie dem auch sei – die plumpen kategoralen Schachteln, in die wir unsere Außenwelt packen müssen, „um sie als Erfahrungen buchstabieren zu können" (KANT), sie können keine autonome und keine absolute Gültigkeit beanspruchen. Wir sind von Natur aus lediglich an die Welt der *mittleren* Dimensionen adaptiert. Dieser Mesokosmos ist *deterministisch* – im Sinn der klassischen Mechanik und in Übereinstimmung mit dem gesunden Menschenverstand. *Hier* können wir uns uneingeschränkt auf Raum und Zeit, auf Substantialität, Quantität und Kausalität verlassen. Bei unserem Urteil über die Welt der großen und der kleinen Dimensionen hingegen verheddern wir uns in epistemologische Probleme.

Unser ererbtes Vorwissen über die Welt der mittleren Dimensionen bezieht sich nicht nur auf die Anschauungsformen von Raum und Zeit, auf unser uneingeschränktes Vertrauen in Kausalität und logische Wahrheit, sondern auch auf *strukturelle* Eigenschaften der Welt: wir rechnen mit einer geordneten, stetigen und kohärenten Natur, die keine (großen) Sprünge macht; wir rechnen mit einer „Konstanz der Koinzidenzen" (Riedl). Die „Idee" von Naturgesetzen setzt eine Welt voraus, die regelmäßig strukturiert ist. „Ein Experiment ist reproduzierbar", in diesem Satz offenbart sich ein ungeheurer Glaube an die Uniformität und Verläßlichkeit der Natur. Dieser Glaube ist darauf zurückzuführen, daß unsere kognitiven Strukturen in einer Welt, die keine Sprünge machte, evolviert sind. Unser Vorwissen rechnet mit Zuverlässigkeit und mit Kontinuität; mit jener Kontinuität der realen Welt, auf die sich unsere Vorfahren im Pleistozaen in ihrer Lebensspanne von 30 Jahren verlassen konnten.

Unsere angeborenen kognitiven und Handlungsstrukturen sind im wesentlichen entstanden als Anpassung an die Umwelt des späten Pleistozaens. Diese Welt unserer Cro-Magnon-Vorfahren war in ihren mittleren Dimensionen eine stabile, geordnete, kohärente Welt mit Sippen-Selektion, eine Welt, in der keine abrupten Wechsel, keine Sprünge vorkamen, eine Welt, in der sich *lineare* Kausalität, monokausales Denken, bewährte, weil das eigene Handeln kaum Rückkopplungen im System verursachte. Dieser an die mittleren Dimensionen des Pleistozaens angepaßte Menschenverstand ist nicht dazu geschaffen, das Verhalten komplizierter Sozialsysteme zu begreifen.

Unser Freiburger Nobelpreisträger in Nationaloekonomie Friedrich A. von Hayek betont immer wieder, daß der Homo sapiens zwar glaube, es sei seine Vernunft gewesen, die die Ordnung der Kulturwelt geschaffen habe; tatsächlich sei der Mensch aber nie in der Lage gewesen, die während der kulturellen Evolution entstandenen Institutionen zu verstehen.

Ich glaube, von Hayek hat recht. Das uns aus der Evolution der Hominiden überkommene a priorische Wissen hat den modernen Homo sapiens zwar befähigt, den Mesokosmos dieser Welt allmählich durch und durch zu verändern; es scheint dieses Vorwissen aber nicht auszureichen, die geänderte, nunmehr *anthropogene* Welt zu verstehen und aus diesem Verstehen heraus eine Überlegungsstrategie zu schaffen. Die über unsere Zukunft entscheidende Frage lautet, glaube ich, ob unsere Vernunft – angepaßt an die Welt, aus der wir kommen – hinreicht, die anthropogene, von uns geformte Welt, in der wir leben, zu begreifen und zu zügeln.

Sitzungsberichte

der

Heidelberger Akademie der Wissenschaften

Mathematisch-naturwissenschaftliche Klasse

Jahrgang 1983

Springer-Verlag
Berlin Heidelberg New York Tokyo
1983

ISBN-13: 978-3-540-13120-5 e-ISBN-13: 978-3-642-46493-5
DOI: 10.1007/978-3-642-46493-5

Satz: Beltz, Hemsbach, und K + V Fotosatz GmbH, Beerfelden

2125/3140-543210

Inhalt

Jahrgang 1983

Sitzungsberichte der Heidelberger Akademie der Wissenschaften
Mathematisch-naturwissenschaftliche Klasse

Die Jahrgänge bis 1921 einschließlich erschienen im Verlag von Carl Winter, Universitätsbuchhandlung in Heidelberg, die Jahrgänge 1922–1933 im Verlag Walter de Gruyter & Co. in Berlin, die Jahrgänge 1934–1944 bei der Weißschen Universitätsbuchhandlung in Heidelberg. 1945, 1946 und 1947 sind keine Sitzungsberichte erschienen.
Ab Jahrgang 1948 erscheinen die „Sitzungsberichte" im Springer-Verlag.

Inhalt des Jahrgangs 1979/80:
1. H. P. Schmitt. Akute und intervalläre Strahlenschäden des Zentralnervensystems. DM 84,–.
2. W. v. Engelhardt. Phaetons Sturz – ein Naturereignis? DM 26,–.
3. R. Haas. Influenza – Bagatelle oder tödliche Bedrohung? DM 19,80.
4. T. Kirsten (Hrsg.). Geophysik in Heidelberg. DM 52,–.
5. M. Becke-Goehring. Anorganische Chemie zwischen gestern und morgen. DM 24,–.

Inhalt des Jahrgangs 1980:
1. F. Duspiva. Das Problem der Determination und Differenzierung in der Biologie. DM 20,–.
2. E. Hinz. *Schistosoma intercalatum*-Infektionen in Afrika. Saisonkrankheiten in Nigeria. DM 42,–.
3. J. C. Vogel. Fractionation of the Carbon Isotopes During Photosynthesis. DM 18,80.
4. W. Doerr, W.-W. Höpker, W. Hofmann, K. Kayser, C. Tschahargane. Onkologisches Panorama. Krebsregister, Früherkennung, Phylogenie. DM 18,20.

Inhalt des Jahrgangs 1981:
1. F. Kirchheimer. Die Medaillen der Kurpfälzischen Akademie der Wissenschaften. DM 23,–.
2. S. Berking. Zur Rolle von Modellen in der Entwicklungsbiologie. DM 24,50.
3. Th. Wieland. Moderne Naturstoffchemie am Beispiel des Pilzgiftstoffes Phalloidin. DM 19,–.
4. S. Sambursky. Religion und Naturwissenschaft im spätantiken Denken. DM 10,50.

W. Doerr, W. Hofmann, A.J. Linzbach, K. Rother, F. Seitelberger. Neue Beiträge zur Theoretischen Pathologie. Herausgegeben von H. Schipperges. Supplement. DM 62,–.

Th. Henkelmann. Zur Geschichte des pathophysiologischen Denkens. John Brown (1735–1788) und sein System der Medizin. Supplement. DM 54,–.

Inhalt des Jahrgangs 1982:
1. E. G. Jung. Licht und Hautkrebse. Modelle und Risikoerfassung. DM 26,–.
2. H. H. Schaefer. Georg Cantor und das Unendliche in der Mathematik. DM 17,50.
3. G. Greiner. Spektrum und Asymptotik stark stetiger Halbgruppen positiver Operatoren. DM 18,50.
4. W. Doerr. Cancer à deux. DM 13,80.
5. W. Jaeger. Untersuchungen zu Farbkonstanz und Farbgedächtnis. DM 12,80.
6. H. Habs. Die sogenannte Pest des Thukydides. Versuch einer epidemiologischen Analyse. DM 24,80.

B. M. Thimm. Brucellosis. Distribution in Man, Domestic and Wild Animals. Supplement. DM 45,–.

G. Breitfellner. Der Sekundenh ıd
sektions-statistisches Profil. Sup